Juan Manuel Soto Parra
Rosa María Yáñez Muñoz
Nubia Guadalupe Torres Beltrán

Efecto de Inmersión de Fruto de Manzana

Juan Manuel Soto Parra
Rosa María Yáñez Muñoz
Nubia Guadalupe Torres Beltrán

Efecto de Inmersión de Fruto de Manzana

en Soluciones de Cationes sobre Calidad Poscosecha

Editorial Académica Española

Publisher:
Editorial Académica Española
is a trademark of
Dodo Books Indian Ocean Ltd. and OmniScriptum S.R.L publishing group

120 High Road, East Finchley, London, N2 9ED, United Kingdom
Str. Armeneasca 28/1, office 1, Chisinau MD-2012, Republic of Moldova, Europe
Printed at: see last page
ISBN: 978-613-9-40948-8

EFECTO DE INMERSIÓN DE FRUTO DE MANZANA EN SOLUCIONES DE CATIONES SOBRE CALIDAD POSCOSECHA

Juan Manuel Soto Parra
Rosa María Yáñez Muñoz
Nubia Guadalupe Torres Beltrán

"*El éxito no se trata de cuánto puedes acumular para ti mismo, sino de cuánto puedes dar a los demás*"

Norman Borlaug

ÍNDICE

INDICE DE TABLAS

INDICE DE FIGURAS

INTRODUCCIÓN

Prolongar la vida de anaquel de las frutas es uno de los mayores desafíos de los productores. La evaluación de los consumidores a las manzanas se basa en su apariencia (color, tamaño, forma, ausencia de defectos) y luego por su calidad de consumo (Musacchi y Serra, 2018). Para preservar la calidad, reducir pérdidas y alargar el periodo de distribución y consumo, las manzanas se someten a la conservación en frio que tiene como finalidad frenar el metabolismo de los frutos tras la recolección (Falcon, 2016).

Los elementos minerales como los cationes desempeñan un papel especifico en los cultivos, por ejemplo, en la vida de anaquel. La presencia del calcio asegura frutos con mayor firmeza (Valdiviezo, 2018), además, la inmersión de los frutos en soluciones de calcio, tiene un efecto muy similar al que se consigue con aspersiones, tratamiento que tiene un efecto positivo en refrigeración del fruto (Monge, et al, 1994), mientras que, en frutos jóvenes el potasio es indispensable para obtener mayor turgencia, la cual es requerida para la expansión celular (León, 2016). Por otro lado, el magnesio interviene en la captación, transformación y transporte de energía (Blackhall, *et al*, 2018), y el sodio coadyuva en la ósmosis (movimiento de agua hacia dentro y fuera de las células de las plantas (Cortés, 2019).

La manzana 'Golden Delicious' debido a su epicarpio de propiedades de cutícula delgada y alta presencia de lenticelas es sensible a pérdidas de agua y marchitamiento en sus diferentes etapas de maduración, siendo más susceptible en almacenamiento en frío (Cepeda, *et al,* 2014).

En tal sentido resulta necesario mejorar la cadena productiva de la manzana, ya que un buen manejo poscosecha genera una reducción en la pérdida de fruta, por esta razón la presente investigación se enfoca en la aportación de un nuevo esquema poscosecha en la región manzanera, con el objetivo de implementar las aplicaciones y el balance de cationes tales como: potasio, calcio, magnesio y sodio en manzanos 'Golden Delicious ' mediante la técnica de inmersión de frutos.

REVISIÓN DE LITERATURA

Generalidades del Manzano

La historia de la manzana no se conoce con certeza, de acuerdo a una revisión de Tarrillo (2017) las especies silvestres *(malus sieversii (Ledeb)* aparecieron hace más de 15,000 años en regiones de Asia, domesticada por civilizaciones como los griegos, romanos y egipcios, y no fue hasta el siglo XVI que se ponen los primeros cultivos en América (Morales, 1999). Castillo (2018) informó que en Chihuahua la introducción del cultivo fue a partir de la colonización cuando evangelizadores españoles arribaron en la región, cultivando sus propios huertos frutales y enseñan a los pobladores su manejo, después de muchos años se convierte en un cultivo de importancia económica en el estado.

El manzano *(malus domestica)* es un frutal que se cultiva a nivel mundial, tiene más de 30 especies y alrededor de 1,000 variedades que se desarrollan en climas templado-frío (Posadas *et al.,* 2018), es un árbol caducifolio (Jackson y Palmer, 1999), generalmente autoestéril por lo que requiere una polinización cruzada con otras variedades compatibles y la ayuda de insectos y el viento. En cuanto al fruto está compuesto por el epicarpio (piel), el mesocarpio (pulpa), y el endocarpio (corazón) (Zaera, 2008), la manzana presenta características de gran importancia en la alimentación humana por el aporte de compuestos fenólicos y flavonoides, siendo antioxidantes con influencia positiva, ampliamente documentada, sobre la salud, principalmente cuando se consume en fresco (Palomo *et al.,* 2010).

Taxonomía

El nombre científico del manzano es: *Malus domestica*
Su clasificación científica se muestra en la tabla 1.

Tabla 1 Clasificación del manzano

Reino	Plantae
División	Magnoliophyta

Orden	Rosales
Familia:	Rosaceae
Género:	Malus

(Barraquilla, 2005)

Existen un sinfín de variedades de manzana y hasta la fecha se siguen produciendo y trabajando en nuevas, esto para mejorar el valor del fruto en la industria alimentaria como estrategia a numerosos desafíos principalmente en el material vegetal, la tecnología de producción, la postcosecha y el desarrollo de marcas (Arellano, 2021).

Fertilización

La nutrición en el manzano es un factor determínate para obtener una producción de calidad. El efecto positivo del fertilizante sobre el fruto se ve influenciado por el adecuado balance de los elementos y la forma en que son aplicados, ya que los excesos o deficiencias de los mismos actúan directamente en la composición de la fruta, llegando a afectar la cosecha y poscosecha (Ponce *et al., 2020;* Mancera *et al.,* 2007).

Los macro y micro elementos en fruta de manzano tienen una función específica y directa sobre su calidad. En el contenido nutricional del fruto, los minerales mayores (macroelementos), requeridos en grandes cantidades son: nitrógeno (N), fósforo (P), potasio (K), calcio (Ca) y magnesio (Mg), mientras que los microelemntos requeridos en pequeñas cantidades son: zinc (Zn), fierro (Fe), cobre (Cu), boro (B) y manganeso (Mn). Todos en un mismo nivel de importancia (Gutiérrez *et al.,* 2014). Para cualquier cultivo es necesario realizar estudios físicos y químicos de los suelos al menos por año, en manzano de acuerdo con Soto *et al.,* (2007) se debe considerar que las extracciones por la cosecha son generalmente de 60 unidades de fertilizante de N, para P se estiman 80 UF y de K 125 UF, haciendo aplicaciones de dosis bajas de microelementos, para lograr una calidad de cosecha.

Además, el Mg junto al K y Ca es uno de los tres cationes fundamentales de la materia viva, es necesario para el funcionamiento de enzimas, para producir carbohidratos y azúcares usado para fruto (Valdivezo, 2017). En cuanto al K y Mg, participan en la carga del floema y el transporte de azúcares de los órganos de origen a los sumideros, su absorción por las raíces y el transporte de Mg por los brotes en las plantas se inhiben por un mayor suministro de K, lo que puede ejercer efectos perjudiciales sobre la productividad y la calidad nutricional de los productos cosechados, sin embargo, hay efectos inconsistentes de Mg sobre la absorción y translocación de K, que probablemente dependen de las especies de plantas y las tasas y proporciones de aplicación de K y Mg en el medio de crecimiento, se presentan efectos sinérgicos de Mg y K sobre la fotosíntesis, el transporte y la asignación de carbohidratos, el metabolismo del N y el equilibrio osmótico de las células. Para evitar la interacción antagónica entre K y Mg y sus consecuencias adversas sobre el rendimiento y la calidad nutricional, se debe prestar especial atención a una nutrición balanceada con K y Mg (Xie *et al.*, 2021). En la mayoría de los casos, cuando la relación K/Mg suministrada a las plantas está desequilibrada, la relación entre K y Mg suele ser antagónica en los órganos de origen, pero sinérgica en los sumideros (Koch *et al.*, 2019).

Poscosecha

El periodo de tiempo que existe entre la cosecha de frutas y su consumo se pueden producir pérdidas de su calidad debido a cambios físicos, químicos, enzimáticos o microbiológicos y las consecuencias de la pérdida de calidad supone pérdidas económicas (Kyanko *et al.*, 2010).

La producción autocatalítica de etileno provoca diversos cambios fisiológicos conocidos como climaterio, ocasionando un aumento en la respiración del fruto y como consecuencia se genera la maduración organoléptica del mismo, este proceso metabólico se da gracias a compuestos como los azúcares, el almidón y los ácidos grasos, llevándolos a una degradación oxidativa, que da como resultado moléculas más simples como el dióxido de carbono (CO_2) y el agua (H_2O), también produce moléculas más complejas que son utilizadas en la fotosíntesis, en todo este proceso se libera energía en forma de ATP (Candan y Calvo, 2017).

En el caso de la manzana como fruta climatérica tiene la característica de la producción del etileno; hormona de la maduración, sobre la cual se han desarrollado bastos trabajos de investigación y tecnologías para inhibir su producción con el fin de prolongar la vida comercial de frutos, se pueden mencionar algunas de estas estrategias como: la utilización de inhibidores del etileno (1- MCP) (Trainotti *et al.*, 2007), aplicación de radiaciones gamma y ultravioleta, la aplicación de recubrimientos comestibles (Fernández *et al.,* 2015), la utilización de empaques plásticos, el uso de películas (Tovar *et al.*, 2011) y la fertilización del fruto como inmersiones en soluciones de nutrientes hasta la aplicación de atmósferas controladas con niveles muy bajos de oxígeno, y cámaras de refrigeración, todas estas utilizadas directa o indirectamente para alterar la acción del etileno, ya que, entre mayor es el ritmo respiratorio de un fruto, menor es su vida útil, (Kumar *et al.*, 2014).

El almacenamiento a bajas temperaturas es el método más eficiente para aumentar el tiempo de vida de frutos debido a su efecto en la disminución de la velocidad de maduración, haciendo que su vida de acopio se acreciente, reduciendo pérdidas y prolongando el periodo de distribución y consumo (Candan y Calvo, 2017). Sin embargo, durante la frigoconservación, disminuye gradualmente la firmeza de la pulpa, se produce cierta pérdida de aromas, se reduce el contenido de ácidos y sacarosa, hay pérdidas de peso por transpiración y, bajo ciertas condiciones, aparecen fisiopatías y podredumbres (Falcon, 2016), como, por ejemplo, largos periodos de tiempo, el uso inadecuado de las condiciones de atmosfera controlada sobre el tipo de producto, conllevan a una pérdida de calidad. En cuanto al almacenamiento a temperaturas excesivamente bajas se presentan lesiones por frío, otro parámetro importante a cuidar es la temperatura y humedad elevada ya que propician la el crecimiento de mohos superficial e interno y la actividad de los insectos infectantes (Gomila, 2016) lo que hace que se produzcan importantes pérdidas de calidad y, por tanto, económicas (Falcon, 2016).

Balance de Cationes

La absorción de nutrientes en el suelo está directamente relacionada con la capacidad de intercambio catiónico y el número de valencia del ion que interviene en el proceso. Algunos iones como el K^+ y NH_4^+ necesitan de un ion H^+ para intercambiarse, mientras que el Ca^{2+} y el Mg^{2+} requieren de dos. Un aspecto importante en el intercambio catiónico es que los iones monovalentes tienen mayor movilidad que aquellos con mayor número de valencias, adicionalmente, los iones con diámetros pequeños penetran mejor que los iones de mayor tamaño (Santos *et al.*, 1999). Por otra parte, la absorción de cationes y aniones foliares, deben penetrar la cutícula en cantidades equivalentes para mantener una neutralidad eléctrica, esto es de suma importancia, ya que la retención de cationes se ve afectada por diversos factores, hay cationes que son retenidos con mayor fuerza que otros, generalmente por la presencia de humedad sobre la cutícula y por la higroscopicidad de la sal, para que las sales inorgánicas puedan penetrar sin problema es necesaria la disolución de la sal que está determinada por el punto de delicuescencia (PDD). Cuando la humedad se encuentra por debajo del PDD la sal se queda en estado sólido y no logra penetrar la cutícula, tal es el caso del KNO_3 y las sales con fósforo, son mucho menos favorecidas, y al contrario si el PDD está por encima logra disolverse disuelve para entrar con facilidad, por ejemplo: $CaCl_2$ (33 %), $MgCl_2$ (33 %), K_2CO_3 (44 %), Ca $(NO_3)_2$ (56 %) y Mg $(NO_3)_2$ (56 %) son sales factibles de penetrar la cutícula (Sánchez y Curetti, 2021).

Según Ruales (2019) un catión es un ion con carga eléctrica positiva, es decir, que ha perdido electrones, en este caso, Magnesio (Mg), Potasio (K), Calcio (Ca) y Sodio (Na), pertenecen a la clasificación de cationes, apoyando a la planta en:

- Eficientizan la función fotosintética.
- Translocadores de Nutrientes.
- Participan en la translocación en sustancias de energía y construcción.
- Refuerzan estructuras celulares.

Por ejemplo, el adecuado balance de cationes puede contribuir a sostener la calidad de las manzanas, ya que, Pavičić (1993) observó que el K como elemento individual, también puede afectar la aparición de bitter pit en las manzanas. Pero, la interacción de los elementos como K/Ca y Na/Ca, P/Ca y Mg/Ca, mostraron conexión más cercana con bitter pit que los mismos elementos aplicados individualmente (Ben, 1998). Se cree que las frutas de alta calidad suelen contener una alta proporción de K y Ca y una baja cantidad de Cu, Zn y Mn. Así, la ocurrencia de bitter pit está estrechamente relacionado con la cantidad de Ca y otros elementos minerales (Liu y Han, 1997).

Ferguson y Watkins (2003), observaron que la concentración y distribución de Ca, Mg y K en manzanas tratadas con aerosoles de Ca durante la temporada de crecimiento, y en frutas almacenadas después de la infiltración al vacío poscosecha, mostraron concentraciones más altas de cada catión en la piel y el núcleo y las concentraciones más bajas en la corteza exterior. Los aerosoles de Ca aumentaron los niveles de Ca en cada segmento de tejido mientras que los niveles de K fueron más bajos en la fruta rociada con Ca, pero los efectos sobre el Mg fueron variables y las concentraciones de los 3 cationes en la corteza externa aumentaron durante el almacenamiento.

Potasio

El potasio (K) es un elemento esencial con una demanda en grandes cantidades por los cultivos para lograr un normal crecimiento y desarrollo. Algunas de las principales funciones del potasio sobre las plan se dirigen a la osmorregulación, la síntesis de los almidones, la activación de enzimas, la síntesis de proteínas, el movimiento estomático, balance de cargas iónicas (Hernández, 2010), numerosos procesos bioquímicos y fisiológicos vitales para el crecimiento, el rendimiento, la calidad (Lester *et al.*, 2010), la resistencia a condiciones adversas tales como el frío o enfermedades, responsable, también, de la translocación de los nutrientes y fotosintatos de reciente creación a los puntos de diferenciación y contribuye con el amarre de fruto (FAO, 2010). En el caso de la calidad de la fruta el K destaca como el catión que tiene mayor influencia sobre los parámetros organolépticos como lo son la síntesis de polifenoles responsables del color y aroma de las mismas, lo cual, determina la comercialización de frutos, además, a través de su movilidad en el floema y el xilema, ayuda en el transporte de solutos, la partición de asimilados, cualidades que prefiere el consumidor, ya que aporta los fitonutrientes de vital importancia para la salud humana (Lester *et al.*, 2010; Tagliavini, 2015). Por ejemplo, hasta el 50% del K total absorbido por las vides se acumula en las bayas, sus funciones en el fruto están relacionadas con reacciones de síntesis y activación enzimática, contribuyendo directamente a la maduración del fruto, la síntesis de azúcares y el mantenimiento de la turgencia celular. En huertos de manzanos maduros y altamente productivos, el K es a menudo el nutriente que se requiere con mayor demanda, la manzana, de hecho, es un fuerte sumidero de K y normalmente contiene cantidades significativas de este elemento, con concentraciones que van desde 0.55 a 0.80 mg/kg $^{-1}$ fruta peso fresco (pf) (Zavalloni *et al.*, 2001). El requerimiento óptimo de K oscila en un rango de 2 a 5% de la materia seca de la planta, tanto en partes vegetativas, frutos, o tubérculos (López, 2005). Aguilar *et al.*, (2012), indican que la aplicación de dosis más elevadas de K evita la pérdida de peso y agua durante el almacenamiento postcosecha. El K foliar no siempre está relacionado con el rendimiento (Boonterm *et al.*, 2010) porque las plantas, en general, absorben una cantidad de K mayor que sus necesidades metabólicas y lo acumulan en orgánulos celulares en consumo de lujo. De acuerdo a la revisión de Kant y Kafkafi (2018) se observa que, si se presenta una alta producción de fruta o alto rendimiento de grano, hay un mayor consumo de K de las hojas, tallos e incluso de las raíces, es por esto que cuando hay demanda de K por frutas, tubérculos o espigas la absorción del nutriente se da por suelo y los demás órganos vegetales. Es posible que sean necesarias altas concentraciones de K durante los estadios tempranas de crecimiento para alcanzar máximos rendimientos, con frutos de tamaño apropiado y óptima calidad interna exigidas por los mercados

Magnesio

En el caso del Magnesio se considera indispensable en los procesos de formación de carbohidratos, aceites y grasas, es esencial para la función de diversas enzimas como ATPasas, ARN polimerasas, proteínas quinasas, fosfatasas, glutatión sintetasa y carboxilasas, ayuda a mantener la homeostasis, ya que enzimas de los cloroplastos se ven afectados por pequeñas variaciones en los niveles de este elemento en el citosol y el cloroplasto (Santos *et al.*, 1999), su importancia en el crecimiento y desarrollo de las plantas, el mecanismo molecular en las células vegetales que regulan la homeostasis, y la relación con el transporte dentro de la planta, son poco conocidos (Guo, 2016). Además, el Mg presente en la vacuola es importante para mantener el balance catión-anión y regular el turgor de las células (Martinoia *et al.*, 2000).

En la hoja, el 75% de la cantidad de Mg contenido, participa en la síntesis de proteínas y entre el 15-20% del total está asociado con los pigmentos clorofílicos (White y Broadley, 2009). Por esta razón se requiere de este nutriente para que se presente un adecuado funcionamiento de las numerosas actividades celulares relacionadas con la síntesis de clorofila, ya que, es el principal componente de esta molécula, interviniendo como cofactor de una serie de enzimas involucradas en el metabolismo y la fijación del carbono fotosintético, además, también participa en mantener la estabilidad de la membrana (Hermans *et al*, 2013).

En cuanto a la calidad de fruto López *et al.* (2003) observó que la aplicación de Mg en ciruelas provoca un aumento en la firmeza del fruto, pero a pesar de esto, no existe evidencia clara sobre cuál es el rol de este elemento en la inducción de una mayor firmeza.

Calcio

Por su parte el Calcio favorece a la división celular, estimula procesos hormonales y enzimáticos, incrementa la velocidad de desarrollo de las raíces, puede reducir la germinación, la esporulación y el crecimiento de patógenos, estabiliza y asegura la permeabilidad de las paredes celulares, protegiendo a los frutos de una degradación, razón por la cual determina su dureza y consistencia (Saure, 1996; Gárate, 2014), además, la resistencia del fruto se relaciona con la formación de pectatos de calcio en la membrana celular (Ramírez *et al.*, 2005).

De acuerdo con Barros (2016) el adecuado manejo de Ca retrasa la maduración y mejora las cualidades para almacenaje, ya que los tratamientos con Ca se usan también para aumentar la vida poscosecha de un amplio rango de frutas y vegetales, entre las cuales se pueden nombrar: manzana, fresa, melón, pera, durazno, tomate, mango y naranja (Valdivezo, 2017).

Galvis *et al.* (2003) determinó que el tratamiento poscosecha directo a las frutas con soluciones de $CaCl_2$ puede ser incluso más eficaz, que la infiltración a presión y puede aumentar las concentraciones de Ca de las manzanas aún más que la infiltración al vacío, estos métodos de tratamiento antes y después de la cosecha tienen problemas inherentes, ya que, la absorción inadecuada del nutriente es un problema en algunos casos porque la fruta ingiere un exceso y se producen lesiones, o por el contrario no se aplica lo suficiente para tener un efecto positivo, según Porro *et al.* (2006) basado en una revisión de numerosos estudios de factores de la deficiencia de Ca, concluyeron que este fenómeno es el resultado de la falla de complejos procesos vitales para la planta que conducen a desórdenes fisiológicos en el fruto. Freitas y Mitcham (2012) encontraron que el papel clave en la formación del desorden fisiológico bitter pit podría darse por la translocación de Ca desde el pedúnculo a la parte del cáliz del fruto, proceso que depende de la capacidad de unir iones Ca^{2+} en la pared celular tejido terminal del pedúnculo de la fruta, el número de tubos de xilema funcionales a través de los cuales viaja el Ca^{2+} al cáliz, y el gradiente hidrostático de concentración requerido. Partiendo de lo anterior Joubert *et al.* (2008) citaron que la incidencia de bitter pit se redujo a la mitad cuando las manzanas 'Cox's Orange Pippin' se sumergieron inmediatamente después de la cosecha en 0.25 mg de $CaCl_2$, a su vez, Biskup *et al.* (2003) informó que en frutos rociados con fertilizante al 3% de CaO, fue el porcentaje más bajo de bitter pit observado (12%), mientras que el porcentaje más alto se registró en frutos no tratados (39.64%). Otro desorden fisiológico popular en manzana, es el corazón acuoso, el cual se origina por la inadecuada nutrición de los árboles, especialmente en lo que respecta a Ca y la presencia de días calientes alternados con noches frías, la intensidad de este desorden es disminuida en su severidad si el Ca está presente en el fruto en cantidades suficientemente altas (López, 2005), hay que considerar que el estado mineral del Ca puede involucrar otros elementos, especialmente K, P y B, (Mancera *et al.*, 2007) por esto es importante el adecuado manejo del huerto para optimizar la absorción de Ca de la fruta en el entorno previo a la cosecha para evitar pérdidas debido a la falta de nutrientes Ramírez *et al.*, (2005).

Para lograr un aumento de Ca en los frutos se puede implementar la aplicación foliar de sales durante la temporada de crecimiento (Porro *et al.*, 2006), por ejemplo, en manzanas 'Delicious' el aspecto de la fruta, y en menor grado el área roja de la piel, el control del oscurecimiento interno, la firmeza de la fruta y en un grado inferior la acidez, fueron mejorados con aspersiones foliares de Ca (Ramírez *et al.*, 2005), en este caso la toma de Ca y su distribución por los distintos órganos se incrementa a medida que lo hace la tasa de transpiración y por el contrario, la inhibición de esta transpiración disminuye la traslocación, especialmente a los brotes apicales y a los frutos, aunque también puede hacerlo al resto de la planta (Armstrong y Kirkby, 1979).

Sodio

El sodio es móvil dentro de la planta y comparado con otros nutrientes como el potasio y el magnesio tiene un significado secundario dentro de la nutrición de la planta ya que coadyuva en el metabolismo de las plantas, la fotosíntesis y la ósmosis (movimiento de agua hacia dentro y fuera de las células de las plantas (Cortés, 2019).

MATERIALES Y MÉTODOS

El trabajo de investigación se realizó en el ciclo 2020. Se llevó a cabo en la huerta y cámara frigorífica planta "La Campana", con la variedad 'Golden Delicious' propiedad del señor Abram Olfert, ubicada en el campo menonita número 22 en el municipio de Cuauhtémoc, Chihuahua, México, con una altitud promedio de 2048 msnm, latitud norte 28°26'17.5" y longitud Oeste 106°53'40.3". Los análisis de acabado y calidad de frutos se realizaron en el laboratorio de suelos de la Facultad de Ciencias Agrotecnológicas de la Universidad Autónoma de Chihuahua.

Diseño Experimental

Experimento factorial completamente al azar con cuatro factores a cuatro niveles cada uno. Acotado a 16 tratamientos generados mediante el esquema experimental Taguchi L16. Se estimó una superficie de respuesta lineal y cuadrática mediante regresión de mínimos cuadrados utilizando el paquete estadístico SAS (SAS Institute Inc., SAS/STAT Software: Usage and Reference, Version 6, First Edition, Cary, NC: SAS Institute Inc., 1989).

Se utilizó un arreglo factorial 4 concentraciones y 4 factores (tabla 2). el experimento fue limitado a 16 tratamientos en la estructura Taguchi L16 (tabla 3) con cuatro repeticiones.

Tabla 2. Factores y niveles de aplicación de la estructura Taguchi L16.

Niveles	Factores mM			
	K	Ca	Mg	Na
0.0	0.00	0.00	0.00	0.000
0.5	3.00	7.50	0.40	0.025
5.0	15.00	37.50	2.00	0.125
10.0	30.00	75.00	4.00	0.250
Media simple	**15.00**	**37.50**	**2.00**	**0.125**
Solución madre mM	**100.00**		**5.00**	**0.25**

La cosecha se llevó a cabo el 20 de agosto, para la selección de frutos de manzana 'GD' en cosecha se tuvo especial cuidado en campo para obtener 10 frutos de calidad comercial por tratamiento, sin daños físicos ni enfermedades visibles. Para cada tratamiento, se agregaron 5 L de agua a un recipiente de 20 L, se agregaron las cantidades de solución madre indicadas en la tabla 3 y se completó la solución hasta 10 L agregando agua y agitando. Los frutos se sumergieron y agitaron manualmente durante 10 min. Transcurrido este tiempo, se retiraron y se dejaron a temperatura ambiente durante 10 min para escurrir el exceso de agua. Luego se colocaron en bolsas plásticas perforadas en grupos por cada tratamiento, para su almacenamiento en atmósfera controlada por un período de 7 meses. Una vez finalizado el proceso de almacenamiento, los frutos fueron llevados al laboratorio y se mantuvieron a temperatura ambiente para simular la vida útil. Se evaluaron 5 manzanas por tratamiento de las cuales se evaluó: peso, color, firmeza, sólidos solubles totales (TSS), acidez titulable (TA) y relación azúcar-acidez. Los frutos restantes se utilizaron para determinar los compuestos biológicos: fenoles totales (FT) y capacidad antioxidante (CA).

Tabla 3. Tratamientos formados en estructura Taguchi L16, aplicación de mL de solución madre, para inmersiones de manzana

Trat	K	Ca	Mg	Na
1	0.00	0.00	0.00	0.000
2	0.00	7.50	0.40	0.025
3	0.00	37.50	2.00	0.125
4	0.00	75.00	4.00	0.250
5	3.00	0.00	0.40	0.125
6	3.00	7.50	0.00	0.250
7	3.00	37.50	4.00	0.000
8	3.00	75.00	2.00	0.025
9	15.00	0.00	2.00	0.250
10	15.00	7.50	4.00	0.125
11	15.00	37.50	0.00	0.025
12	15.00	75.00	0.40	0.000
13	30.00	0.00	4.00	0.025
14	30.00	7.50	2.00	0.000
15	30.00	37.50	0.40	0.250
16	30.00	75.00	0.00	0.125

Cada tratamiento se diluyó volumétricamente en 10 L.

Variables de respuesta de calidad de fruto

Para evaluar la eficiencia de los tratamientos se tomaron en cuenta las siguientes variables de respuesta:

Acabado de fruto

- *Peso de fruto.* El peso se determinó con una balanza digital Ohaus ScoutTM Pro 0 a 500.00 g.

- *Color.* Se tomaron dos medidas de color por fruto (lados intermedios en cuanto a color) para lo cual se utilizó la escala de color desarrollada para 'Golden Delicious' por Soto *et al.*, (2001) en seis categorías 1) verde; 2) inicio de formación de estrías color rojo; 3) estrías uniformes de color rojo opaco; 4) estrías de color rojo oscuro evidente; 5) estrías menos uniformes, inicio de color rojo oscuro; y 6) rojo oscuro completo, para hacer la escala más objetiva el color se expresó como porcentaje.

Calidad de fruta

- *Firmeza.* La firmeza de la pulpa del fruto se determinó con un penetrómetro (modelo Effe-Gi 327, 0-28 lb in2) se tomaron dos lecturas por cada fruto en los lados en los que se midió el color y se obtuvo el promedio individual.
- *Sólidos solubles totales (SST).* Se obtuvo el extracto de dos gajos de cada fruto, se usó un refractómetro (Atago 0 – 32 °Brix) previamente calibrado con agua destilada.
- *Acidez titulable.* Se titularon 10 mL del extracto de jugo, se le adicionaron 6 gotas del indicador de fenolftaleína (0.5 g de fenolftaleína más 70 mL de alcohol etílico y se aforaron a 100 mL con agua destilada), titulándose con una solución 0,1 N de NaOH (2.15 g de NaOH 97% pureza, aforados a 500 mL) hasta que se obtuvo un color rosa ladrillo-rojo púrpura; el volumen utilizado se transformó como ácido málico mediante la expresión: % de ácido málico = (((0,1* ml) / 10) * 67) / 10).
- *Relación azúcar acidez.* Se expresa como partes de azúcar por una de ácido málico (SST/ Acidez titulable).

Compuestos Bioactivos

- *Fenoles totales.* Se determinaron según la técnica de Singleton y Rossi (1965), con ligeras modificaciones, utilizando ácido gálico como estándar. Se molió una cantidad de 2 g de pulpa de manzana y se extrajo con 20 ml de metanol al 80%. Se colocaron en un tubo de ensayo 750 µl de carbonato de sodio al 2%, 250 µl de Folin-Ciocalteau al 50%, 1375 µl de agua destilada y 250 µl del extracto de pulpa. Se agitó y se dejó reaccionar durante 60 min en la oscuridad a temperatura ambiente. La absorbancia se midió a 725 nm en un espectrofotómetro visible DR 5000 Hach. Los resultados se expresaron como g de ácido gálico por g de peso fresco (g AG g^{-1}). Se trazó una curva de calibración. Linealidad se determinó entre 0.5 y 2.0 mg ml^{-1}, usando un estándar de ácido gálico de grado reactivo de alta pureza, la calibración se midió por triplicado, el valor de la ecuación fue 6.2228x - 0.0107, con un r^2 de 0.9804.

- Capacidad antioxidante. Se determinó según la metodología de Brand-Williams *et al.*, (1995), con ligeras modificaciones. Se añadieron 2.8 ml de solución de DPPH 0.1 mM recién preparada (3.94 mg de DPPH en 100 ml de metanol al 80 %) a un tubo de ensayo, se añadieron 0.2 ml del sobrenadante del homogeneizado utilizado para la determinación de fenoles totales, se agitó en vórtex y se dejó reaccionar durante 60 min en la oscuridad a temperatura ambiente. La absorbancia se midió a 517 nm, usando un espectrofotómetro visible DR 5000 Hach. Como blanco, se sustituyó el extracto por metanol al 80% y se trazó una curva de capacidad. La linealidad se determinó entre 0 y 600 M usando Trolox de grado reactivo de alta pureza como estándar, la calibración se midió por triplicado. La ecuación tenía un valor de 0.0008x + 0.6984 con un r^2 de 0.9855. Los análisis se midieron por triplicado. Los resultados se expresaron como mg Trolox g^{-1} de peso fresco.

Análisis Estadístico

Los datos obtenidos se someten a un análisis estadístico por superficie de respuesta lineal y cuadrática para evaluar las variables significativas. El análisis de cada variable de respuesta abarcó tres etapas: 1) análisis de la regresión y la contribución de cada factor al ajuste de la regresión; 2) análisis canónico de la superficie de respuesta para determinar la forma de la curva para aquellos factores que tuvieron respuestas lineales, cuadráticas y de interacción significativas; y 3) los valores predichos dependiendo de si se seleccionó la respuesta mínima o máxima de acuerdo con el rango original de los datos (Figueroa G, 2003). El comportamiento de todas las variables de respuesta se resumió en una tabla donde se especificaron los factores y el promedio simple para cada uno de ellos. Los valores propios resultantes expresados como porcentajes de la media se toman como positivos o negativos, según corresponda. La contribución de los vectores propios se expresó con signos redondeados de modo que $0{,}3750 \leq ++ \leq 0{,}6249$, $0{,}6250 \leq +++ \leq 0{,}8749$, $++++ >0{,}8750$. El mismo procedimiento se aplicó a los autovalores negativos. De esta forma, se ponderaron los factores para determinar cuáles tienen mayor influencia en cada variable.

RESULTADOS Y DISCUSIÓN

Los datos obtenidos de la evaluación físico-química de los frutos se presenta a continuación en la Tabla 4, donde se observa que la inmersión de frutos en soluciones de cationes tiene respuesta positiva con respecto al análisis de superficie de respuesta ya que los factores A (K), B (Ca) y D (Mg) se encuentran por encima del valor de la frecuencia total de eigenvectores que es 20, siendo A= 43, B= 41 y D=45, mientras que el factor E (sodio)= 12, queda por debajo de la selección. Por lo tanto, los elementos potasio, calcio y magnesio demuestran influencia en el experimento. Para el análisis canónico de inmersión de frutos, se seleccionan aquellos eigenvectores con un valor igual o mayor que la variable (12.5% de la suma de la frecuencia positiva), que fue=14, quedando seleccionadas todas: color= 22, peso y firmeza= 19, solidos solubles totales, acidez titulable y relación azúcar acidez= 17, contenido de fenoles= 16 y capacidad antioxidante= 14, mostrando que todas las variables se consideran para una respuesta positiva del experimento.

Para la variable peso se obtuvo una media de 135.4 g, Mancera *et al.* (2007) reportaron una media de 171.1 g para manzanas 'Golden Delicious', lo que no concuerda con nuestros resultados. En la variable color, Ornelas *et al.* (2018) comparo manzanas 'Golden Delicious' con diferentes cosechas después de floración (DDF) y determino que a 122 DDF el color se mantiene con un valor de 60.6 %, comparado con este trabajo hubo una disminución del 5.3%, un valor muy bajo considerando que la fruta se sometió a un periodo largo de almacenamiento. En el caso de la firmeza, Calvo (2002), realizo un experimento poscosecha en manzana Red Delicious con aplicaciones de 1-Metilciclopropeno (1-MCP), un inhibidor de la acción del etileno, donde reporta una media de 7.2lb/in^2 para la firmeza, mientras que en este trabajo la media fue de 9.8lb/in^2, además, también reporto una media de10.8°B para SST, el tratamiento a base de cationes reporto una media de 14.3 °Brix, sin embargo, Flores (2018), reporta en manzanas tratadas con carbonato de calcio foliar en cosecha 13.7 °Brix, los cuales son muy similares a los frutos tratados en poscosecha de este trabajo. En manzanas amarillas y verdes, el contenido de SST debe ser mayor de 12 % (NMX-FF-061-2003), lo que tambión concuerda con nuestro resultado. Para la AT se sabe que está dada por los ácidos orgánicos presentes en la manzana, el ácido málico, es el más importante en la manzana, aunque también se encuentran otros como el ácido succínico. Cuando los valores AT son bajos durante su maduración, se debe a la degradación de los ácidos orgánicos a azúcares, disminuyendo el contenido de acidez. En este trabajo se reporta un 0.59%, mientras que Corona *et al.* (2020), reportaron 0.37 % ácido málico en manzanas 'Golden Delicious' en poscosecha, por lo que este trabajo tuvo menos degradación de los ácidos orgánicos.

Para la variable de relación azúcar-acidez, Oviedo *et al*, (2021), reportaron en su experimento de inmersión con ácido salicílico y nutrientes una media de 35.79, mientras que en este trabajo se reportó una media de 24.38, en este caso, este parámetro, proporciona el índice de madurez, en granada se usa comúnmente para definir el "sabor" de la fruta durante el desarrollo, además, la relación azúcar-acidez aumenta conforme la fruta va madurando (Torres *et al.*, 2022).

Por otro lado, de acuerdo con Asale *et al*, (2021), los compuestos fenólicos se consideran generalmente como una fuente antioxidante muy importante en las frutas. En su trabajo, el contenido de fenoles totales en la determinación de extractos de frutos de manzana 'Golden Delicious' mediante el reactivo de Folin-Ciocalteu se expresaron en miligramos equivalentes de ácido gálico por gramo (mg EAG g^{-1}), obteniendo un valor de 71.88 mg EAG g^{-1} p.f., mientras que, Oviedo *et al*, (2021) reportan 480.14 g AG g^{-1} p.f., resultados que son más similares a los nuestros, ya que se obtuvo 525.9 g AG g^{-1} p.f., las variaciones puedan deberse a los diferentes métodos de extracción y obtención de los fenoles. En el caso de la capacidad antioxidante la media que obtuvimos fue de 3.5 mg Trolox g^{-1} p.f., Kupaeva y Kotenkova (2019), analizaron manzanas Simirenko donde reportaron 5.41 µmol equiv. Trolox /gr, datos muy distintos a los nuestros, ya sea por la variedad como a la metodología utilizada, por otro lado, Oviedo *et al,* (2021), reportan 3.05 mg Trolox g^{-1} de p.f., datos que son similares a los nuestros, pero aun por debajo de los que se reportan en este trabajo.

Javaga (2019) realizaron un experimento con diferentes formulaciones de alcohol polivinílico y almidón de patata para generar recubrimientos, con el fin de demostrar su efectividad en el almacenamiento poscosecha de manzanas de la variedad 'Golden Delicious' donde se determinó que no tuvo un efecto destacable sobre la fisiología metabólica de la manzana ni sobre las propiedades mecánicas de la fruta, seguramente debido a su baja viscosidad, que dio lugar a una baja densidad superficial de los recubrimientos utilizados, descartando los recubrimientos de este tipo para tratar frutos poscosecha e implementar el uso de inmersiones para alargar la vida de anaquel, este trabajo nos muestra la importancia de los cationes, resultando con mayor relevancia el $MgSO_4$ [1.0] > K_2SO_4 [1.0] > Ca [6.2] kg 1000 L agua $^{-1}$. Observando que la aplicación exógena de $CaCl_2$ tiende a disminuir la permeabilidad de las membranas celulares y por consecuencia se reduce la absorción de agua, lo que contribuye a el aumento de la firmeza de los frutos y extiende su vida útil, esto una vez que se encuentren bajo condiciones de refrigeración (Raffo, 2000), a su vez, Guerra *et al.* (2011) realizaron aspersiones con carbonato de calcio, para evaluar el efecto sobre la calidad poscosecha en manzanas Reinette de Canada' (RC) y 'Reinette Grise de Canada' (RG), observando mayor incidencia de bitter pit en 'RC' que en 'RG', debido a que la relación K/Ca, por lo tanto, el carbonato de calcio sería un producto útil para disminuir la incidencia del bitter pit, pero en este caso los resultados pueden diferir por la variedad de la manzana ya que en nuestro estudio no hubo incidencia de bitter pit, sin embargo, Joubert *et al,* (2008) utilizaron nitrato de calcio ($Ca(NO_3)$), comenzando en tres diferentes etapas de crecimiento de la fruta 'Golden Delicious' (temprano, medio y tardío). Las aplicaciones tardías de Ca(NO$_3$) (80 días después de la plena floración (ddfb)) aumentaron el contenido de Ca de la fruta en la cosecha más que las aplicaciones tempranas (seis dafb) y medias (40 dafb), generando una tendencia hacia un aumento en el bitter pit desde las aplicaciones tempranas hasta las tardías de Ca(NO$_3$), demostrando que las aplicaciones de calcio si son necesarias en la variedad 'Golden Delicious' por la susceptibilidad a bitter pit y si es en la etapa de maduración tardía de la fruta tienen alta influencia sobre la calidad del fruto. Así mismo la interacción entre los cationes y la aplicación de los mismos en cosecha puede ser un factor importante para evitar trastornos fisiológicos y mejorar la vida de anaquel. De acuerdo con esto Krishkov (2007) citó que el grado de aparición de bitter pit es asociado a la concentración de K y Mg, independientemente del contenido de Ca, además, Almeselmani *et al.* (2010) sugieren que un aporte de K en la fertilización de plantas de tomate puede ayudar a preservar los frutos durante el almacenamiento postcosecha, en este sentido se demuestra que la inmersión de frutos de manzana en soluciones de K$^+$ mejoran la vida de anaquel del fruto, lo que concuerda con el trabajo de Shen, *et al* (2019), donde las aplicaciones foliares de K y su efecto antagónico con Mg y Ca en perales, demostró que la interacción que se vio afectada fue la del Mg ya que las concentraciones resultaron bajas en las hojas, pecíolos y pedúnculos de la fruta, sin embargo, las concentraciones de K, Ca y Mg en la fruta aumentaron, partiendo de esto nos damos cuenta que la interacción de estos elementos en la fruta no genera antagonismo siempre y cuando se aplique de forma balanceada, comprando con nuestro experimento se puede observar que el uso de estos elementos en inmersión influyo positivamente, tal vez por la sinergia que se genera en fruto y ayudó a la preservación en atmosfera controlada. En el caso del Mg se ha descrito que la aplicación foliar de este nutriente a duraznos y nectarines, produce un aumento en la firmeza al momento de cosecha, pero este efecto no persiste durante postcosecha (Serrano *et al.*, 2004), por lo que, su eficiencia en este experimento se puede atribuir a las diferentes combinaciones con los otros cationes y al cultivo. Por ejemplo, en un estudio poscosecha de manzanas Anna sumergidas en MgCl$_2$ y CaCl$_2$ solos o en combinaciones, proporcionó evidencia de que el CaCl$_2$

combinado con $MgCl_2$ tienen la mayor firmeza de frutos de manzana, además, los valores más altos de TSS se encontraron en frutos tratados con $CaSO_4$ y $MgSO_4$ en comparación con las frutas no tratadas (Kiram, 2012), de acuerdo a este trabajo, la combinación de cationes Mg, K y Ca ayudan a mantener la firmeza y contenido de TSS de la fruta.

De acuerdo con Monge *et al,* (1994) la inmersión de fruto de manzano durante 10 minutos en solución 0.125 mg/l de $CaCl_2$ parece ser más recomendable que sí se realiza en $Ca(NO_3)_2$, debido al riesgo de que en las manzanas queden residuos de iones nitrato, y mejora la calidad de fruto, lo anterior sustenta nuestro trabajo, ya que aplicaciones de $CaSO_4$ (6 kg/1000 L de agua) mejoraron notablemente la apariencia de frutos tratados en postcosecha de la misma forma. Por otro lado, Conway y Sams (1995) probaron la técnica de infiltraron por vacío o bajo presión distintas soluciones de $CaCl_2$ en manzanas 'Golden Delicious', encontrando que el tratamiento idóneo era la infiltración bajo presión con una solución del 4%, pero este método puede ocasionar problemas en manzanas que tienen lesiones ya que la solución puede penetrar al corazón del fruto y provocar su podredumbre, estas técnicas son más costosas y de riesgo en comparación con la aplicación de soluciones de cationes directo en fruto.

Tabla 4. Correlación canónica para manzana 'Golden Delicious' poscosecha 2020. Inmersión cosecha

Factores / media simple (L 1000 L^{-1} agua)						
	K_2SO_4	Ca	$MgSO_4$	NaCl		
	(A)	(B)	(D)	(E)		
Eigenvalores[u]	**2.8**[T]	**7.5**	**0.8**	**9.3**	Eigenvectores	
	Peso de fruto (μ 135.4; 95.0 – 140.0 g)[w] C[y]				Subtotal	+ / -
168.1(143.0)	-3(+2)[v]	(-3)	+3(+2)		13	7/6
-62.1	+2	+2	+2		6	6/0
|Frec.|/ resp.	7 C	5 C, A	7 C, B		19[x]	13/6
Dosis	4.0	4.0	0.2	9.3	Selección≥ 3	
Color (μ 55.3; 46.0 – 60.0%) C, P						
44.3(32.9)	+3(-3)	+3(+2)	-3(+2)		16	10/6
-16.8	+2	+2	+2		6	6/0
	8	7 **	7 **		22	16/6
	2.0	1.0	1.0	8.0	Selección≥ 3	

Firmeza (μ 9.8; 9.0 – 12.5 lb in^2) C, P

32.1		+3	+3	+3	9	9/0
-65.2(-39.2)	+4	(-2)	(-2)	(+2)	10	6/4
	4 L, C	5 L	5 L, C	5 L, C, A, B, D	19	15/4
	1.0**	6.2**	0.99**	9.71**	Selección≥ 2	
Sólidos solubles totales SST (μ 14.3; 15.0 – 18.0 ºBrix) L, C, Pr						
128.0(99.5)	(-3)	+3	(-2)+2		10	5/5
-80.4	+3	+2	+2		7	7/0
	6 L, C	5 L, C, A	6 L, C, A, B		17	12/5
	2.0**	9.3**	0.15**	9.0	Selección≥ 3	
Acidez titulable (μ 0.59; 0.4 – 0.7 % ácido málico) C, P						
193.2(172.9)	-3	(-3)	+3(+2)		11	5/6
-79.66	+2	+2	+2		6	6/0
	5 C	5 C, A	7 C, A, B		17	11/6
	4.0**	3.0**	0.3**	9.4.	Selección≥ 2	
Relación azúcar acidez (μ 24.38; 23.0 – 32.0 SST / % ácido málico)						
27.1	+3	+3		+3	9	9/0
-65.6(-44.5)		(-2)	-2(+2)	(+2)	8	4/4
	3	5	4	5	17	13/4
	4.0	4.0	0.5	9.4	Selección≥ 3	
Contenido de fenoles (μ 525.9; 468.8 – 619.2 μg ácido gálico g^{-1} p.f.) L, C, Pr						
29.0	+2	+2	+2		6	6/0
-55.3(-40.8)	-2(+2)	-3	(-3)		10	2/8
	6 B, E	5 C,D	5	L	16	8/8
	2.9**	4.2**	0.5**	9.5**	Selección≥ 3	
Capacidad antioxidante (μ 3.5; 1.1 – 4.0 mg Trolox g-1 p.f.) L, C, Pr						
60.1(32.1)	+4		(+4)		8	8/0
-29.4		+4		+2	6	6/0
	4 E	4	4	+2 L	14	14/0
	5.4*	7.6**	0.6**	7.0**	Selección≥ 3	
Resumen						
Subtotal	43	41	45	12	Total. 141[z]102 / 39	
Proporción + / -	29 / 14	28 / 13	33 / 12	12 / 0	Fact. 20; Var. 14	
Factores	MgSO4 [1.0] > K2SO4 [1.0] > Ca [6.2] kg 1000 L agua -1 kg 1000 L agua -1					
Variables	Color (22) > Firmeza (19) = Peso (19) > Relación azúcar acidez (17) = SST (17) = acidez titulable (17) > Contenido de fenoles (16) > capacidad antioxidante (14)					

[T]Media simple de cada factor; [U]Eigenvalores expresados como porcentaje de la media, los valores entre paréntesis corresponden al segundo eigenvalor y sus respectivos eigenvectores. [V]cada signo contabiliza al partir del segundo cuartil (+2 de 0.375 - 0.624, +3 de 0.625 -0.874, +4 > 0.875, lo mismo para signos negativos); μ media general, XIntervalo de la variable de respuesta estimada por la regresión, [X]Frecuencia observada para esa variable, se multiplica por el 15% (-1) de la suma total de eigenvalores para ser considerada; Factores significativos* (0.05 ≤ Pr ≤ 0.01), altamente significativos** (Prob < 0.01); [Y]regresión significativa lineal (L), cuadrática (C), e interacciones entre factores (A, B, D, E). [Z]Frecuencia total de eigenvalores para el conjunto de variables, se seleccionan aquellos factores cuya suma sea igual o mayor al 20% respecto del total de eigenvectores positivos.

A continuación, se presentan las figuras con las variables que tuvieron mayor significancia con el aporte de cationes.

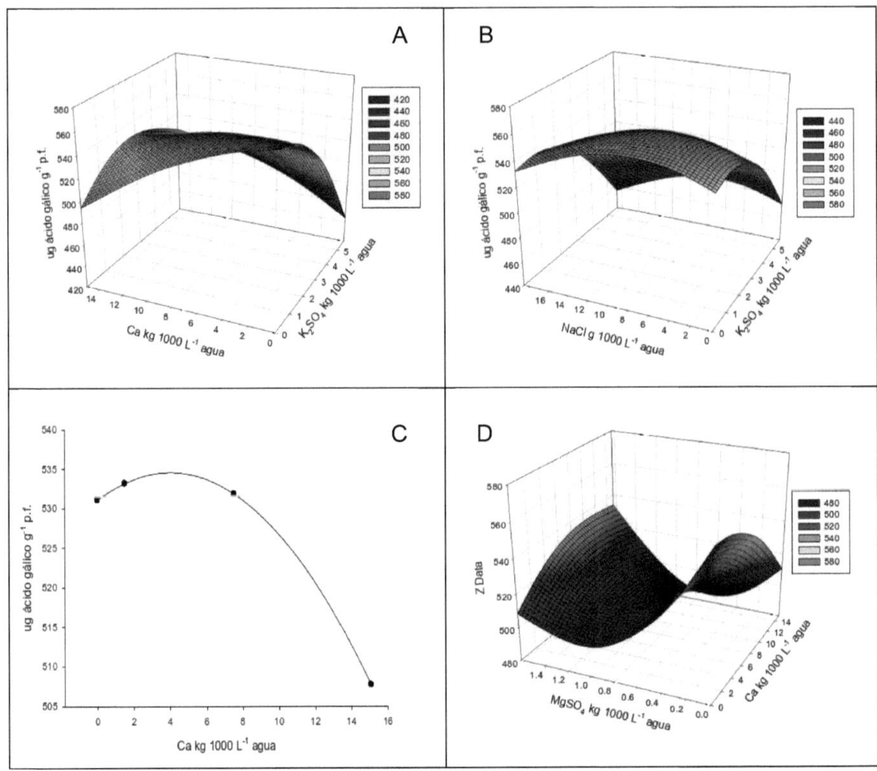

Figura 1. Compuestos fenólicos respecto al balance de cationes.

En la Figura 1 podemos ver el comportamiento de los compuestos fenólicos con relación a los cationes. En el apartado A se observa la interacción entre Ca y K donde de manera individual ambos elementos en altas concentraciones tienen un efecto negativo para la concentración de FT, en este caso el K produce la mayor afectación por las acciones antagónicas entre estos dos elementos, sin embargo, aplicaciones conjuntas de 2-6 kg de Ca y 1-2 de K pueden mantener el contenido de fenoles hasta en 580 g de AG g^{-1} de p.f. En el apartado B se encuentra la interacción entre Na y K, de manera conjunta las aportaciones de 1-2 kg de K y 7-12 g de Na pueden mantener hasta 580 g AG g^{-1} p.f., sobre pasando estas cantidades el contenido de fenoles totales puede caer hasta 440 g AG g^{-1} p.f. El comportamiento del Ca de manera individual (C) nos muestra que conforme se aumenta su contenido en la inmersión, los FT caen por debajo de 510 g AG g^{-1} p.f., mientras que aportaciones de 4 kg de Ca nos dan un máximo de 534 g AG g^{-1} p.f. Finalmente la interacción entre Mg y Ca nos muestra antagonismo entre los elementos. En sí, las aplicaciones individuales de Mg tienden a tener efectos negativos para los fenoles, pero si son combinadas con altas cantidades de Ca tienden a conservar las cantidades de los fenoles totales mientras no rebasen los 10 kg de los aportes de Ca, aun así, Oviedo *et al.*, (2021), reporta una media de 434.09 g AG g^{-1} p.f., en manzanas 'Golden Delicious' a los 13 días de cosecha, por lo que nuestro trabajo, muestra buenos resultados. En este caso, el Ca y el K son importantes en el balance hídrico, el Ca forma parte de la membrana celular y se almacena entre la pared celular y la lámina intermedia, donde interactúa con el ácido peptídico para formar pectato de calcio, proporcionando estabilidad para su integridad. De igual importancia, interviene en la regulación de los sistemas enzimáticos y la actividad de las fitohormonas, aumentando la resistencia de los tejidos a los patógenos, así como la vida útil poscosecha y la calidad nutricional (Yfran *et al.,* 2017). Un trabajo similar al nuestro usando diferentes combinaciones de tratamientos en manzana encontró un aumento significativo en la firmeza al combinar CaCl$_2$ (1% y 2%) y MgCl$_2$ (1% y 2%) sales para mantener una mayor firmeza de los tejidos (Farag y Nagy, 2012).

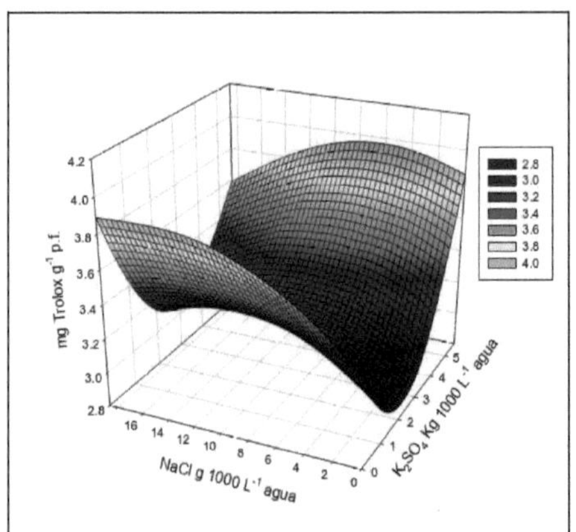

Figura 2. Capacidad antioxidante respecto a Na y K

En la Figura 2 podemos observar la interacción entre el sodio y el potasio, donde ambos elementos aplicados en sus máximas concentraciones tienden a aumentar la capacidad antioxidante (CA), a su vez, con una aportación de entre 6-8 g de Na y 5 kg de K se puede aumentar la CA a 4.0 g de Trolox g de p.f., en este caso el K, de manera individual tiene una tendencia negativa a concentraciones bajas, a diferencia del Na, este tiende a elevar mayormente la CA .Oviedo *et al.* 2021, obtuvieron 4.59 mg trolox g-1 p.f. con concentraciones de 1.320 mM de K, lo cual es muy semejante a los datos que se obtuvieron en este trabajo.

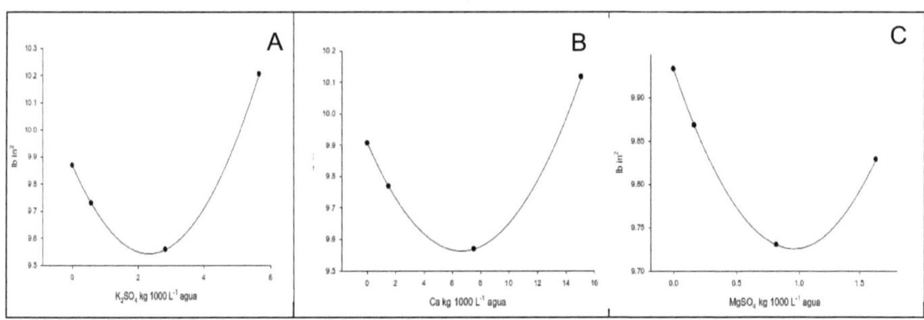

Figura 3. Firmeza con respecto al balance de cationes

Para la firmeza (Figura 3), el K y el Ca mostraron comportamientos similares, en la que las máximas aportaciones tienden a aumentar la firmeza de las manzanas, aplicaciones de 5-6 kg de K y 12-15 kg de Ca logran mantener la firmeza hasta en

24

10.2 lb in^2. En el caso del Mg las aportaciones de 0-0.2 kg de este nutriente, conservan la firmeza por encima de 9.85 lb in^2. En un estudio realizado en durazno, reportó que las inmersiones en sales de Ca a 62.5 mM mantuvo la firmeza de los frutos durante el almacenamiento (Manganaris *et al*., 2007), por otro lado, un estudio realizado en manzana 'Golden Delicious' reporto una media de 10.05 lb in^2 a los 13 días de cosecha (Oviedo *et al*., 2021), nuestro trabajo logro mantener la firmeza en 10.2 lb in^2 después de refrigeración durante 7 meses.

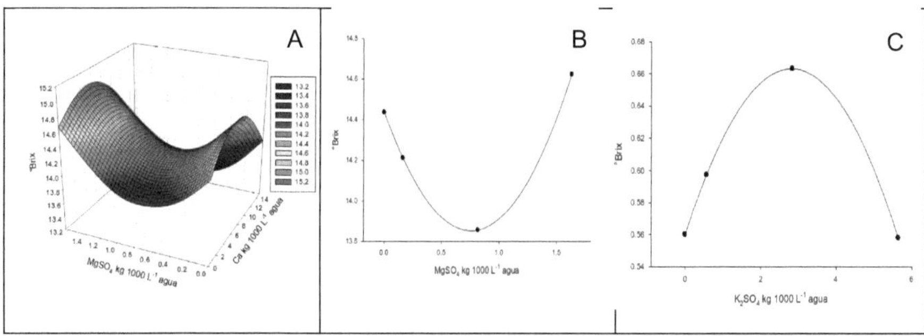

Figura 4. Solidos solubles respecto al balance de cationes

En el caso de los SST (Figura 4) las aportaciones de 1.5 kg de Mg y de 6-8 kg de Ca pueden mantener la concentración hasta en 15.2 °Brix, en este caso también podemos observar (A) que aportaciones medias de ambos elementos dará como resultado el mínimo contenido de SST, como lo observamos también en el apartado B. Para el K (C), un aporte de 3 kg puede contribuir en aumentar 0.66 °Brix, Oviedo et al. 2021, mencionan en su experimento una media de 13.8 °Brix, mientras que en este trabajo la media fue de 14.3 °Brix, y puede ser debido a las diferentes interacciones en los tratamientos.

En el caso de la acidez las interacciones entre los cationes se muestran en la Figura 5, la interacción sinérgica entre el Ca y el K (A) para conservar el contenido de ácido málico, a concentraciones de 4-8 kg de Ca y de 2-4 de K se puede mantener hasta un 0.68 % la acidez. De manera individual ninguno de los dos elementos fomenta el contenido de ácido málico. En el apartado B se observa un porcentaje máximo del 0.61% con una aportación máxima de 4 kg de Ca, sobre pasando esta cantidad, la acidez cae. En el apartado C se observa la interacción entre Mg y K nuevamente con sinergismo, donde las aportaciones de 2-4 kg de k y de 0.2-1.4 kg de mg se puede obtener una acidez de hasta 0.66%, comportamiento que no se puede observar de manera individual. Para la interacción entre Mg y Ca (C) se muestra un comportamiento lineal, donde la aplicación en conjunto únicamente baja al 0.58% y la acidez más alta se da con las aportaciones más bajas de calcio y la más alta de Mg obteniendo un 0.62%. Finalmente se observa el comportamiento individual del Mg (E), la incorporación en la inmersión de 1.5 kg de Mg logra mantener la acidez hasta en un 0.59%. Guerra *et al* (2011), en su experimento en poscosecha con manzana tratada en inmersión con $CaCl_2$ a una concentración de 2%, por 30 s, luego de 60 días de almacenamiento en frío, sirvieron para retener la acidez del fruto hasta los 120 días de almacenamiento, lo cual concuerda con nuestro experimento.

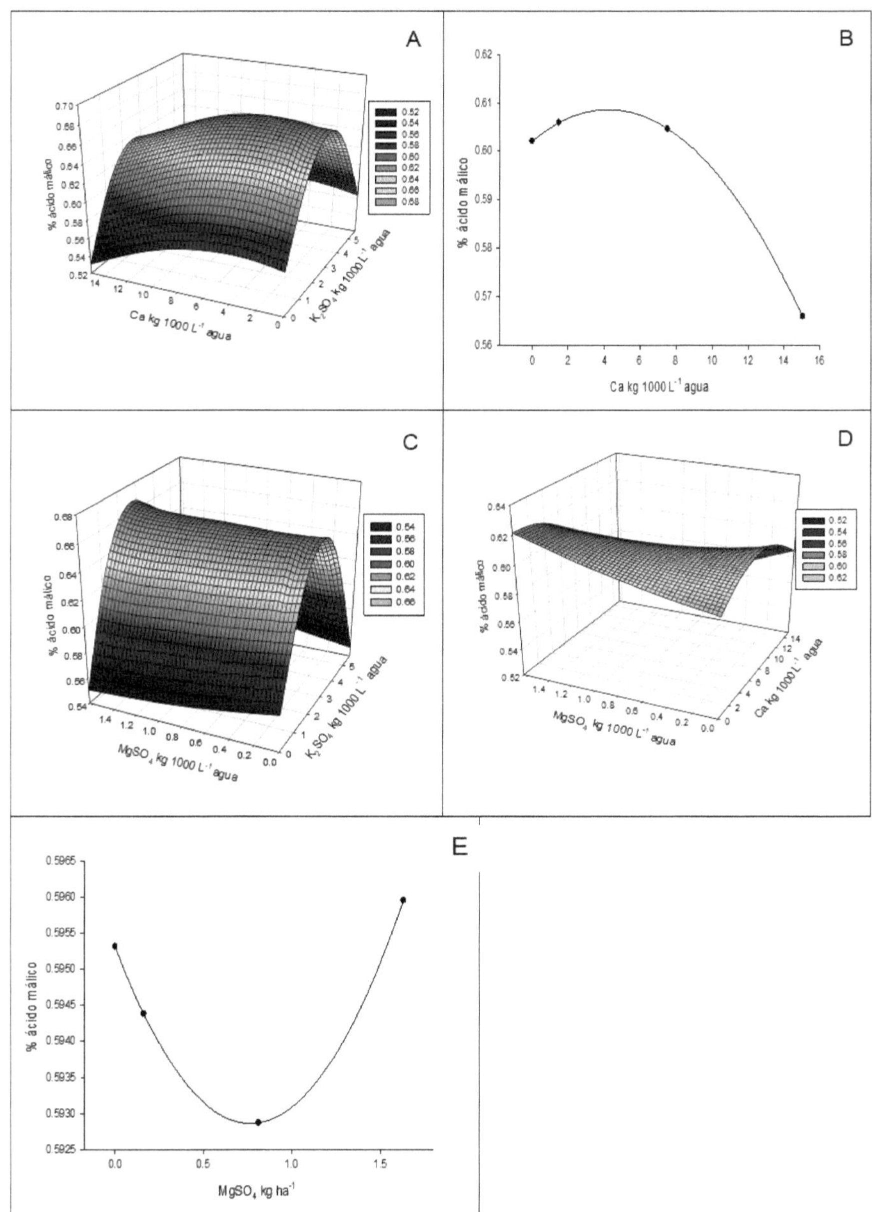

Figura 5. Porcentaje de acidez respecto al balance de cationes

CONCLUSIONES

El efecto positivo de la inmersión en soluciones de cationes en manzanas 'Golden Delicious', tuvo un efecto positivo en poscosecha con una dosis de $MgSO_4$ [1.0] > K_2SO_4 [1.0] > $CaSO_4$ [6.2] kg 1000 L agua^{-1}, sin embargo, $NaCl_2$ no mostró resultados relevantes en el experimento, ya que no presento influencia sobre los parámetros evaluados. En el trabajo notablemente el Mg fue el catión que demostró más influencia, seguido del K y finalmente el Ca, contrario a lo que se cree que solo el Ca es indispensable para mantener la calidad de la fruta, hay más elementos que participan en el proceso. Se observó que con todas las variables que se trabajó presentaron respuesta a los tratamientos, primero el color, seguido de la firmeza que nos muestra que a pesar tiempo en que se somete la fruta a refrigeración no se tienen grandes pérdidas de peso, mientras que, la relación azúcar-acidez (SST / % ácido málico) se mantiene en rangos óptimos, cualidad que hace que el consumidor acepte la fruta. Finalmente, el contenido de fenoles y capacidad antioxidante reflejan como el balance de los cationes tiene influencia sobre ellos ya que según las dosificaciones se presentan incrementos o decrementos de ambos, mejorando el aporte de compuestos bioactivos de la fruta. La necesidad de desarrollar métodos comercialmente aceptables para sostener la vida poscosecha de las frutas, ha llevado a desarrollar diferentes tecnologías, por lo que la inmersión de frutos en soluciones de cationes puede ser una alternativa funcional para la preservación de fruta en conservación en frio por largos periodos de tiempo, con el fin de aumentar la vida de anaquel de la manzana.

LITERATURA CITADA

Aguilar C., Barrameda Y., Montesinos B, Romero T., Soriano J. M. (2012). Efecto de la biofortificación con potasio en la postcosecha de tomate cherry: implicación de algunos fenoles. nutriplanta.

Almeselmani M., Pant R. C., Shing B. (2010). Potassium level and physiological response and fruit quality in hydroponically grown tomato. January, International Journal of Vegetable Science

Arellano J. (2021). Caracterización de variedades autóctonas de manzana para determinar su valor añadido para su consumo en fresco. academica-e.unavarra.es.

Armstrong M. J. y Kirkby E. A. (1979). The influence of humidity on the mineral composition of tomato plants with special reference to Ca distribution. Plant and Soil. 52: 427-435.

Asale V. Dessalegn E. Assefa D. Abdisa M. (2021). Phytochemicals and antioxidant activity of different apple cultivars grown in south ethiopia: case of the wolayta zone. Pages 354-363.

Bai J., Hagenmaier R. D., Baldwin E. A. (2002). Volatile response of four apple varieties with different coatings during marketing at room temperature. Journal of Agricultural and Food Chemistry, 50, 7660-7668.

Barraquilla, A. (2005). El manzano. Biologia: http://encina.pntic.mec.es/~esarment/biologia/imagenes/Manzanweb.pdf

Barrós M. (2016). Guía técnica para el cultivo de manzano. Universidad de Santiago de Compostela. Santiago: LEADER.

Ben J. (1998). Estimation of apple storage quality based on fruit analysis. Int Sem: Ecological Aspects of Nutrition and Alternatives for Herbicides in Horticulture. Warszawa, Poland, pp: 7-8.

Biskup S., Ćosić T., Pecina M., Miljković M. (2003). Utjecaj folijarne gnojidbe kalcijem na njegov sadržaj u plodu jabuke. (Efect of calcium spray on calium conet in apple fruit). Pomologia Croatica: Glasilo.

Blackhall V. Curetti M, Colavita G. (2018). Deficiencia de magnesio en manzano. Revista F&D Nº 81 - 1º. INTA. https://inta.gob.ar/documentos/deficiencia-de-magnesio-en-manzano

Boonterm C. W., Silapapun A., Boonkerd N. (2010). Effects of nitrogen, potassium fertilizer, and clusters per vine on yield and anthocyanin content in Cabernet Sauvignon grape, Suranaree. Journal of Science and Technology, Peshawar, v.17, p.155-163, 2010.

Calvo G. (2002). Efecto del 1-Metilciclopropeno (1-MCP) en manzanas CV. Red delicious cosechadas con tres estados de madurez y conservadas en frio convencional y atmósfera controlada RIA. Revista de Investigaciones

Agropecuarias, vol. 31, núm. 3, diciembre, pp. 9-24. Instituto Nacional de Tecnología Agropecuaria Buenos Aires, Argentina

Candan A. P. y Calvo G. (2017). Atmósferas controladas dinámicas: una alternativa para el control de la escaldadura superficial en peras. RIA, 42, 291-299.

Castillo, J. (2018). Chihuahua huele a Manzanas. El Souvenir, págs. https://elsouvenir.com/chihuahua-huele-a-manzana/.

Cepeda I. Saucedo C. Colinas M. T. y Rodríguez J. (2014). Evaluación de tratamientos pre y postcosecha con cacl2 en la frigoconservación y calidad de manzana cv. golden Delicious. Colegio de Postgraduados Pregep-fruticultura.

Conway W. y Sams E. (1995). Relationship between total and cell wall bound calcium in apples following postharvest pressure infiltration of calcium chloride. Acta Horticulturae 398, pp 31-39.

Corona L. S., Hernández D., Meza O. (2020). Análisis de parámetros fisicoquímicos, compuestos fenólicos y capacidad antioxidante en piel, pulpa y fruto entero de cinco cultivares de manzana (malus domestica) cosechadas en México. Instituto Politécnico Nacional. Escuela Nacional de Ciencias Biológicas-Zacatenco. Instituto Politécnico Nacional, Escuela Nacional de Ciencias Biológicas-Santo Tomás.

Cortés, E. C. (2019). Manual manejo de manzano. Facultad de Agronomía de la Universidad Nacional (sede Medellín), pp2.

Falcon J. (2016). Nuevas tendencias para el tratamiento del bitter pit de la manzana: la Reineta, un caso de estudio. Departamento de Nutrición Vegetal Estación Experimental de Aula Dei Consejo Superior de Investigaciones Científicas (CSIC).

FAO. (2010). Los fertilizantes y su uso. París: IFA. Obtenido de http://www.fao.org/3/a-x4781s.pdf

Ferguson B. y Watkins B. C. (2003). Cation distribution and balance in apple fruit in relation to calcium treatments for bitter pit. Scientia Horticulturae. https://www.sciencedirect.com/science/article/abs/pii/030442388390078X

Fernández D. Bautista S. Ocampo A. García A. Falcón A. Rodríguez V. (2015) Películas y recubrimientos comestibles: una alternativa favorable en la conservación poscosecha de frutas y hortalizas. Revista Ciencias Técnicas Agropecuarias. Universidad Agraria de La Habana, Facultad de Ciencias Técnicas, San José de las Lajas, Mayabeque, Cuba. Instituto Politécnico Nacional-Centro de Desarrollo de Productos Bióticos, Yautepec, Morelos, México. Instituto Politécnico Nacional, Escuela Superior de Ingeniería Mecánica y Eléctrica, Unidad Zacatenco Sección de Estudios de Posgrado e Investigación, Ciudad de México, México. Instituto Nacional de Ciencias Agrícolas (INCA), Departamento de Fisiología y Bioquímica Vegetal, San José de las Lajas, Mayabeque, Cuba.

Figueroa G. (2003). Optimización De Una Superficie De Respuesta Utilizando Jmp In. Mosaicos Matemáticos No. 11. Departamento de Matemáticas Universidad de Sonora.

Flores M. A., Soto J. M., Salas A., Sánchez E., Piña F.J. (2018). Effect of $CaCO_3$ industrial byproduct on quality atributes, phenolic content and antioxidant capacity of apple cvs Golden Delicious and Top Red. Nova scientia Departamento de Nutrición Vegetal, Universidad Autonóma de Chihuahua. Tecnología de Alimentos y Productos Lácteos, Centro de Investigación en Alimentación y Desarrollo A.C., Unidad Delicias. https://doi.org/10.21640/ns.v10i20.1190

Freitas S. y Mitcham E. (2012). Factors involved in fruit calcium deficiency disorders. Hortic Rev 40: 107-146. http://dx.doi.org/10.1002/9781118351871.ch3

Galvis J. A., Arjona H., Fischer G. (2003). Efectos de la aplicación de soluciones de cloruro de calcio (CaCl2) sobre la vida de almacenamiento y la calidad del fruto de mango (*Mangifera indica L.*) variedad Van Dyke. Agronomía Colombiana, vol. 21, núm. 3, pp. 190-197.

Gárate M. (2014). "Producción de Manzana. Pp 1–82. http://saludpublica.bvsp.org.bo/cc/bo40.1/documentos/704.pdf.

Gomila, T. (2016). Nuevas herramientas para la optimización de la poscosecha de la región. Revista Fruticultura & Diversificación.

Guerra M., Marcelo V., Valenciano J. B., Casquero PA. (2011). Effect of organic treatments with calcium carbonate and bio-activator on quality of 'Reinette' apple cultivars. Sci Hortic 129 (2): 171-175. http://dx.doi.org/10.1016/j.scienta.2011.03.013

Guo W., Nazimc H., Liang Z., Yangab D. (2016). Magnesium deficiency in plants: An urgent problema. The Crop Journal. Volume 4, Issue 2, pp. 83-9. https://www.sciencedirect.com/science/article/pii/S221451411500121X

Gutierrez A. C., Soto J.M, Sánchez E., Yánez R. M., Flores B. (2014). Fertilización con macronutrientes en manzano: producción y contenido foliar de micronutrientes. Revista biológico agropecuaria Tuxpan.

Hermans C., Conn S. J., Chen J., Xiao Q., Verbruggen N. (2013). An update on magnesium homeostasis mechanisms in plants Metallomics, pp. 1170-1183.

Hernández E. (2010). Nutrición de pimiento (*capsicum annuum l. cv. dársena*) en función de la proporción de no3 / nh4 y la concentración de K en la solución nutritiva en condiciones de invernadero. Centro De Investigación En Química Aplicada.

Jackson D. y J. Palmer. (1999). Temperate and subtropical fruit production. Pome fruits. pp. 189-202. En: 2a ed. CABI Publishing, Wallingford, UK.

Javaga A., Sapper M, Martín M., González C. (2019). Efecto de la aplicación de recubrimientos a base de biopolímeros y carvacrol sobre la calidad poscosecha de manzanas https://riunet.upv.es/bitstream/handle/10251/124751/J%C3%A1vaga%20-%20Efecto%20de%20la%20aplicaci%C3%B3n%20de%20recubrimientos%20a%20base%20de%20biopol%C3%ADmeros%20y%20carvacrol%20sobre%20la%20ca....pdf?sequence=1&isAllowed=y

Joubert J., Lötze E., Theron K. I. (2008). Evaluating pre-harvest foliar calcium applications to increase fruit calcium and reduce bitter pit in 'Golden Delicious' apples. Sci Hortic 116 (3): 299-304. http://dx.doi.org/10.1016/j.scienta.2008.01.006

Kant S., y Kafkafi U. (2018). Absorción de potasio por los cultivos en distintos estadios fisiológicos. University of Jerusalem, V, 38. Retrieved from https://www.ipipotash.org/uploads/udocs/Sesion V.pdf

Karim M. (2012). Effect of Pre- and Post-Harvest Calcium and Magnesium Compounds and Their Combination Treatments on "Anna" Apple Fruit Quality and Shelf Life. Journal of Horticultural Science & Ornamental Plants 4 (2): 155-168.

Koch M., Busse M., Naumann M., Jákli B., Smit I., Cakmak I., Hermans C., Pawelzik E. (2019). Differential effects of varied potassium and magnesium nutrition on production and partitioning of photoassimilates in potato plants Physiol. Plant.,166, pp. 921-935

Krishkov E. (2007). Factors influencing the incidence of bitter pit on apple fruits and control measures. Proc Agric Sci XL (2): 22-26.

Kumar R., Khurana A., Sharma A. K. (2014). Role of plant hormones and their interplay in development and ripening of fleshy fruits. Journal of Experimental Botany, 65, 4561-4575.

Kupaeva N. y Kotenkova E. (2016). Search for alternative sources of natural plant antioxidants for food industry. Gorbatov Federal Research Center for Food Systems of Russian Academy of Sciences, Moscow, Russia. Dmitry Mendeleev University of Chemical Technology of Russia, Moscow, Russia.

Kyanko M. V., Russo M., Fernández M., Pose G. (2010) Efectividad del ácido peracético sobre la reducción de la carga de esporas de mohos causantes de pudrición poscosecha de frutas y hortalizas. Universidad Nacional de Quilmes, Argentina.

León G. (2016). Sistemas de producción vegetal https://www.uaeh.edu.mx/investigacion/productos/4781/sistemas_de_produccion_vegetal_2.pdf

Lester G., John L., Donald J., Makus D. (2010). Impact of potassium nutrition on postharvest fruit quality: Melon (Cucumis melo L) case study. Plant Soil. DOI 10.1007/s11104-009-0227-3

Liu H. y Han Z. (1997). Apple fruit mineral nutrition. J Fruit Sci14 (z1): 73-78

Lopez C., Botia M., Alcaraz C. F., Riquelme F. (2003). Effects of foliar sprays containing calcium, magnesium and titanium on plum (*Prunus domestica L*) fruit quality. Journal of Plant Physiology 160, 1441-1446.

López, M. (2005). Caracterización nutricional y calidad de manzana 'Red Delicious' y 'Golden Delicious' de dos países productores. Chihuahua: Universidad Autónoma de Chihuahua.

Mancera M. M., Soto J. M., Sánchez E., Yañez R. M., Montes F., Balandrán R. (2007). Caracterización mineral de manzana 'Red Delicious' y 'Golden Delicious' de dos países productores. TECNOCIENCIA Chihuahua, 1(2), 6–17. https://doi.org/10.54167/tecnociencia.v1i2.42

Martinoia E., Massonneau A., Frangne N. (2000). Transport processes of solutes across the vacuolar membrane of higher plants. Plant and Cell Physiology 41, 1175- 1186.

Monge E., Val J., Sáenz M., Blanco A., Montañez L. (1994). El calcio nutriente para las plantas. Bitter pit en manzano. Departamento de Nutrición Vegetal (E.M., J.V., M.S., L.M.) y Departamento de Pomología (A.B.), Estación Experimental de Aula Dei (C.S.I.C.).

Morales, M. (1999). En Variedades y calidad de las manzanas de Aragon (pág. pág. 70). Zaragoza: Apeph.

Musacchi S. y Serra S. (2018). Apple fruit quality: overview on pre-harvest factors. Department of Horticulture, Tree Fruit and Research Extension Center (TFREC), Washington State University, 1100 N. Western Avenue, Wenatchee, WA 98801, USA.

Ornelas J. J., Quintana B., Escalante P., Hernández J., Pérez J., Rios C., Ruiz S. (2018). Relationship between the firmness of Golden Delicious apples and the physicochemical characteristics of the fruits and their pectin during development and ripening. J Food Sci Technol. Jan; 55(1): 33–41.

Oviedo J. C., Soto J. M., Sánchez E, Yáñez R. M., Pérez R., Noperi L. C. (2021). Salicylic acid and nutrient immersion to maintain apple quality and bioactive compounds in postharvest 49(3). https://doi.org/10.15835/nbha49312409

Palomo I., Yuri J. A., Carrasco R., Quilodrán A., Neira A., (2010) El Consumo De Manzanas Contribuye A Prevenir El Desarrollo De Enfermedades Cardiovasculares Y Cáncer: Antecedentes Epidemiológicos Y Mecanismos De Acción. Revista Chilena de Nutrición, vol. 37, núm. 3. pp. 377-385 Sociedad Chilena de Nutrición, Bromatología y Toxicología Santiago, Chile.

Pavičić N. (1993). Predicting the occurrence of physiological disorder bitter pit in fruits of Golden Delicious and Idared apples. Agronomski Glasnik 52: 419-425.

Ponce O., Soto J. M., Noperi L., Alvarez A. Ochoa J., Holguín F. (2020). Producción y calidad de manzana Golden Delicious por efecto de la fertilización con macronutrientes. Instituto del Nacional de Investigaciones Forestales, Agrícolas y Pecuarias (INIFAP). Campo Experimental La Campana. Aldama,

Chihuahua, México. Universidad Autónoma de Chihuahua. Facultad de Ciencias Agrotecnológicas.

Porro D., Ceschini A., Pantezzi T. (2006). The importance of advisory service in predicting bitter pit using early-season fruit analysis. Acta Hort 721: 273-277. http://dx.doi.org/10.17660/ActaHortic.2006.721.37.

Posadas M., López P. A., Gutiérrez N., Díaz R. y Ibáñez A. (2018). Phenotypic Diversity Of Apple In Zacatlán, Puebla, México Is Broad And Is Given Mainly By Fruit Traits Breni. Scielo 2018).

Raffo D. (2000). Aplicaciones de calcio y calidad de frutas. Revista Española INTA 1: 10-15.

Ramírez J. M., Galvis J. A., Fischer G. (2005). Maduración poscosecha de la feijoa (*Acca sellowiana Berg*) tratada con $CaCl_2$ en tres temperaturas de almacenamiento. Agron. colomb. vol.23 no.1 Bogotá Jan.

Ruales P. (2019). Determinación de la capacidad de intercambio catiónico del suelo y su correlación con el contenido de cationes intercambiables de las plantas del género Siparuna. http://dspace.utpl.edu.ec/handle/20.500.11962/24597.

Santos T., Aguilar A., Manjarrez D. (1999). Fertilización foliar, un respaldo importante en el rendimiento de los cultivos. Sociedad Mexicana de la Ciencia del Suelo, A.C. Chapingo, México., vol. 17 núm. 3 pp. 247- 255. https://www.redalyc.org/pdf/573/57317309.pdf

Saure M. (1996). Reassessment of the role of calcium in development of bitter pit in apple. Funct Plant Biol, 23(3),237-243. http://dx.doi.org/10.1071/pp9960237.

Sánchez E. y Curetti M. (2021). Fruticultura Nutrición De Las Plantas Zona Templada, Suelo y Aplicación Abonos. Ediciones INTA, Estación Experimental Agropecuaria Alto Valle. Nutrición mineral de frutales de clima templados

Serrano M., Martínez D., Castillo S., Guillén F., Valero D. (2004). Effect of preharvest sprays containing calcium, magnesium and titanium on the quality of peaches and nectarines at harvest and during postharvest storage. Journal of the Science of Food and Agriculture 84, 1270-1276.

Shen Ch., Shia X., Xiea Ch., LiaHan Y., Xinlan Y., Yangchun M., Caixia D. (2019). The change in microstructure of petioles and peduncles and transporter gene expression by potassium influences the distribution of nutrients and sugars in pear leaves and fruit. Journal of Plant Physiology Volume 232, January 2019, Pages 320-333

Soto J. M, Piña M, Piña F. J, Sánchez E, Pérez R. y Basurto M. (2007). Fertirrigación con macronutrientes en manzano 'Golden Delicious': Impacto en rendimiento y calidad de fruto. redalyc.org/pdf/2033/203345704010.pdf

Tagliavini M., Brunetto G., Wellington J., M Bastos De Melo., Maurizio T., Quartieri (2015). The role of mineral nutrition on yields and fruit quality in grapevine, pear and apple Bras. Frutic. 37. https://doi.org/10.1590/0100-2945-103/15

Tarrillo L. (2017). "Diseño de un prototipo de secador homogéneo de frutas utilizando flujo controlado de aire caliente". Tesis pregrado, Universidad Católica Santo Toribio de Mogrovejo.

Torres N. G., Soto J. M., Sánchez E., Noperi L. C., Yáñez R. M., Pérez R. (2022). Comparison between quality and bioactive compounds of pomegranate from two producing areas. Notulae Scientia Biologicae, *14*(2), 11267-11267.

Tovar B., Mata M., García H. S., Montalvo E. (2011). Efecto De Emulsiones De Cera Y 1-Metilciclopropeno En La Conservación Poscosecha De Guanabana. Revista Chapingo Serie Horticultura.

Trainotti L., Tadiello A., Casadoro G. (2007). The involvement of auxin in the ripening of climacteric fruits comes of age: the hormone plays a role of its own and has an intense interplay with ethylene in ripening peaches. Journal of Experimental Botany, 58, 3299-3308.

Valdivezo I. (2018). "Aplicación poscosecha de cloruro de calcio en frutos de manzana (Malus x domestica Borkh) cv. ANNA" Estación Experimental de Aula Dei EEAD CSIC.http://repositorio.lamolina.edu.pe/bitstream/handle/20.500.12996/3477/valdiviezo-aliaga-ivan-abel.pdf?sequence=3

Valdivezo J. (2017). El calcio, determinante en el comportamiento poscosecha de fruta de hueso y pepita. Estación Experimental de Aula Dei EEAD – CSIC. https://digital.csic.es/bitstream/10261/165239/1/ValJ_%20I-EncuentrPoscosech-1_2017.pdf

White M. y Broadley R. (2009). Biofortification of crops with seven mineral elements often lacking in human diets: iron, zinc, copper, calcium, magnesium, selenium and iodine. New Phytol., 182, pp. 49-84.

Xie K., Cakmakc I., Wanga S., Zhang F., Shiwei G. (2021). Synergistic and antagonistic interactions between potassium and magnesium in higher plants The Crop Journal Volume 9, Pages 249-256. https://doi.org/10.1016/j.cj.2020.10.005

Zaera, P. (2008). Evaluacion en la calidad de fruto en manzano. Obtenido de http://digital.csic.es/bitstream/10261/18601/1/Proyecto%20Pilar%20Dolz.pdf

Zavalloni C., Marangoni M., Scudellari D., Tagliavini M. (2001). Dynamics of uptake of calcium, potassium and magnesium into apple fruit in a high density planting orchard. Proc. 5th Intl. Symp. Mineral Nutrition of Deciduous Fruit Crops. Penticton Canada.

Printed by Books on Demand GmbH, Norderstedt / Germany